Ernst Probst

Die Altheimer Kultur / Die Pollinger Gruppe

Zwei Kulturen der Jungsteinzeit
vor etwa 3.900 bis 3.500 v. Chr.

Allen Prähistorikern und Prähistorikerinnen gewidmet,
die mich bei meinen Büchern über die Steinzeit unterstützt haben

Impressum:
Die Altheimer Kultur / Die Pollinger Gruppe
1. Auflage als Print-Buch: Juli 2019
Autor: Ernst Probst
Im See 11, 55246 Mainz-Kostheim
Telefon: 06134/21152
E-Mail: ernst.probst (at) gmx.de
Herstellung: Amazon Distribution GmbH, Leipzig
Alle Rechte vorbehalten
ISBN: 978-1-077-90842-0

Palisade, Wall und innerer Graben des Erdwerks Altheim,
Markt Essenbach, Kreis Landshut, in Niederbayern.
Rekonstruktionsversuch der Befestigung der ersten Periode.
Zeichnung aus dem Jahre 1939 durch den Prähistoriker
Karl Heinz Wagner (1907–1944)

4

*23,3 Zentimeter hohes Tongefäß der Altheimer Kultur
aus dem Erdwerk von Altheim (Kreis Landshut). Fund von 1914.
Foto: Stadt- und Kreismuseum Landshut*

Vorwort

1911 fielen dem Oberlehrer Johann Pollinger aus Landshut beim
Blick aus einem fahrenden Zug in der Gegend von Altheim in
Niederbayern dunkle Stellen auf, die seine Neugier weckten.
Auf dem fraglichen Gelände folgten erste Funde und 1914
eine umfangreiche archäologische Untersuchung. So begann
die Entdeckungsgeschichte einer Kultur der Jungsteinzeit und
Kupferzeit, die 1915 von dem Prähistoriker Paul Reinecke aus
München erstmals benannt wurde. Mit der zwischen etwa 3.900
und 3.500 Jahren in Teilen von Bayern existierenden Altheimer
Kultur und der gleichzeitigen Pollinger Gruppe befasst sich
das vorliegende Taschenbuch des Wissenschaftsautors Ernst
Probst. Die Menschen der Altheimer Kultur errichteten im-
posante Erdwerke mit Gräben, Wällen und Palisaden, betätigten
sich als Ackerbauern, Viehzüchter und Töpfer, jagten mit Pfeil
und Bogen gelegentlich Bären und Wildpferde, betrieben
Tauschgeschäfte mit Zeitgenossen, bei denen begehrter Plattenhornstein aus Baiersdorf und wertvolle Kupferobjekte den
Besitzer wechselten. Über ihre Bestattungssitten und Religion
weiß man mehr als ein Jahrhundert nach der Entdeckung des
namengebenden Fundortes Altheim immer noch auffällig wenig.

Prähistoriker Paul Reinecke (1872–1958).
Foto: Aufnahme vor 1958

Die Altheimer Kultur

Im bayerischen Teil des Donautales, im Nördlinger Ries sowie im Alpenvorland bis München war von etwa 3.900 bis 3.500 v. Chr. die Altheimer Kultur (auch Altheimer Gruppe) verbreitet. Nachzulesen ist dies in dem Buch „Deutschland in der Steinzeit" (1991) von Ernst Probst. Laut Online-Lexikon „Wikipedia" dagegen existierte diese Kultur der Jungsteinzeit zwischen etwa 3.800 und 3.400/3.300 v. Chr. Ihr Hauptverbreitungsgebiet habe in Niederbayern und in der südlichen Oberpfalz gelegen, die Verbindung im Westen bis zum Lech und im Osten bis zum Inn gereicht.

Nach einigen Kupferfunden zu schließen, handelt es sich bei der Altheimer Kultur um eine der ältesten Kulturen der Kupferzeit in Bayern. Den Begriff Altheimer Kultur hat 1915 der Prähistoriker Paul Reinecke (1872–1958) aus München geprägt. Der Name erinnert an die befestigte Siedlung von Altheim, Markt Essenbach (Kreis Landshut), in Niederbayern.

Wie die damalige Pflanzenwelt in Feuchtgebieten Oberbayerns zusammengesetzt war, zeigte die botanische Untersuchung im Bereich der Siedlung Pestenacker, Gemeinde Weil (Kreis Landsberg am Lech), wo Gewächse nasser Standorte überwogen. An Wasserpflanzen gab es dort unter anderem Armleuchteralgen, Laichkraut und Teichrosen. In Ufernähe eines Gewässers wuchsen Fieberklee, Igelkolben, Rohrkolben, Schilf, Schneidried, Sumpfbinsen, Teichbinsen und Ufer-Wolfstrapp. Auf den Feuchtwiesen gediehen Binsen, Kuckucks-Lichtnelken, Mädesüß und Seggen. In den Bruchwäldern der Gegend von Pestenacker standen Birken, Schwarzerlen, Bittersüßer Nachtschatten, Kratzbeere, Seggen und Wasserdost. Die botanische

*Katholische Pfarrkirche St. Peter in Altheim (Kreis Landshut)
in Niederbayern.*

Untersuchung in Pestenacker hat der Münchner Biologe Hans-Peter Stika vorgenommen, der 1989 darüber berichtete. Die bisher bekannten Skelettreste der Altheimer Menschen weisen große, schlanke Köpfe mit mittelbreiten Gesichtern auf. Mit ihrer Körperhöhe passen Männer und Frauen jedoch in das gewohnte Bild. Bisher kennt man mehr als 200 Siedlungsfundstellen der Altheimer Kultur. Der überwiegende Teil davon sind Siedlungsstellen auf Mineralböden. Daneben errichtete man Feuchtbodensiedlungen an Seeufern, auf Inseln im Starnberger See und in Mooren. Auf Terrassen- oder Hangkanten erbaute, mit Gräben, Wällen und Palisaden umgebene Erdwerke mit trapezförmigem bis rechteckigem Grundriss dienten eventuell als Mittelpunkte von Siedlungsgemeinschaften. Erdwerke gab es bei Altdorf und Altheim im mittleren Isartal (beide Kreis Landshut in Niederbayern), in Bad Abbach-Alkhofen (Kreis Kelheim in Niederbayern), Bruck, Nindorf, Osterhofen-Linzing, Osterhofen-Neu-Wisseling (alle vier Kreis Deggendorf in Niederbayern), Aiterhofen-Ödmühle, Oberschneiding, Straßkirchen (alle drei Kreis Straubing-Bogen in Niederbayern) und Pilsting-Trieching (Kreis Dingolfing-Landau in Niederbayern). Der Prähistoriker Irenäus Matuschek schätzte 1991, jede vierte bis fünfte Siedlung weise ein Grabenwerk mit bis zu drei Gräben auf. Feuchtbodensiedlungen kennt man von Ergolding-Fischergasse und Essenbach-Koislhof (beide Kreis Landshut in Niederbayern), Pestenacker-Nord, Pestenacker, Gemeinde Weil, und Unfriedshausen bei Walleshausen, Gemeinde Geltendorf (alle drei im Loosbachtal auf einer Strecke von nur drei Kilometern in Kreis Landsberg am Lech in Oberbayern) und Merching-Stummenacker (Kreis Aichach-Friedberg in Schwaben).

Einer der drei Gräben des Erdwerks
von Altheim (Kreis Landshut) in Bayern.
Der Begriff Altheimer Kultur erinnert an diesen Fundort.
Foto: Ausgrabungsfoto von 1914,
Bayerisches Landesamt für Denkmalpflege,
Abteilung Vor- und Frühgeschichte, München

Die namengebende Siedlung Altheim wurde 1911 durch den Oberlehrer Johann Pollinger (1858–1912) aus Landshut von einem vorbeifahrenden Zug aus entdeckt. Ihm fielen dunkle Grabeneinfüllungen auf, die seine Neugier weckten. Im Frühjahr 1912 nahm Pollinger einen Schnitt im mittleren von drei Gräben des Erdwerks und eine Ausgrabung im äußeren Graben vor. Oberlehrer Pollinger war seit 1890 Mitglied des Historischen Vereins für Niederbayern und wurde 1898 als 2. Sekretär in dessen Ausschuss gewählt, was heute etwa dem Schriftführer gleichkommt. Seine langjährige erfolgreiche Arbeit an der vor- und frühgeschichtlichen Sammlung des Museums des Historischen Vereins führte 1911 dazu, dass er zum Konservator dieser Abteilung ernannt wurde. Pollinger hat in der Umgebung von Landshut zahlreiche urgeschichtliche Funde aus verschiedenen Zeiten gesammelt und der Sammlung des Historischen Vereins einverleibt.

Im März 1913 folgte eine zweitägige Probeschürfung im inneren Graben des Erdwerks von Altheim durch Josef Maurer (1866–1936), den ersten Ausgrabungstechniker des „Königlichen Generalkonservatoriums der Kunstdenkmale und Altertümer Bayerns" unter Leitung des Prähistorikers Paul Reinecke. Im März und Mai 1914 untersuchte Maurer große Teile der Gräben des Erdwerks. Reinecke veröffentlichte 1915 im „Römisch-germanischen Korrespondenzblatt" einen Artikel mit der Überschrift „Altheim (Niederbayern). Befestigte jungöneolithische Siedlung".

Im Herbst 1938 leitete der Prähistoriker Karl Heinz Wagner (1907–1944) die Wiederaufnahme der Ausgrabungen in Altheim. Dabei gewann er eine ungefähre Vorstellung über die Größe dieses Erdwerks. 1960 erschien die Publikation „Die Altheimer Gruppe und das Jungneolithikum in Mitteleuropa" des Prähistorikers Jürgen Driehaus (1927–1986).

Prähistoriker Karl Heinz Wagner (1907–1944).
Foto: Philipps-Universität Marburg/Lahn

Prähistoriker Jürgen Driehaus (1927–1986).
Foto: Veronika Driehaus, Nürnberg

Bei der Grabung von 1979 gelangte man zur Überzeugung, dass es sich in Altheim um Hinterlassenschaften einer im Kampf untergegangenen, befestigten Siedlung handele. Ursprünglich hatte man diese Fundstelle als Bestattungs- oder Kultplatz gedeutet.

Mit vielen interessanten Fakten wartete 2014 der Artikel „Altheim – ein Jahrhundert Erdwerk" des Prähistorikers Thomas Saile auf. Demnach wurde das Altheimer Erdwerk von einer Palisade und drei Grabenringen mit Abständen von 7 bis 10 Metern umgeben. Die äußeren Abmessungen betragen etwa 117 mal 88 Meter, was einer Fläche von ungefähr einem Hektar entspricht. Palisade und innerer Graben umschlossen ein fast rechteckiges, 60 Meter langes und 35 Meter breites Areal. Die Gräben mit steilen Flanken sind bis zu 2 Meter tief und oben maximal 3 Meter breit. Für das Ausheben der insgesamt 800 Meter langen Gräben, das Fällen von 1.000 Bäumen mit einem Stammdurchmesser von 0,20 Metern, den Transport und die Herrichtung der Pfosten sowie das Ausheben des Palisadengrabens errechnete Saile bei einem Einsatz von etwa 50 Personen eine mehrmonatige Bauzeit.

Im Gegensatz zum fundleeren Innenraum hat man in den Gräben des Erdwerks von Altheim zahlreiche Hinterlassenschaften entdeckt. Insgesamt wurden mehrere Dutzend menschliche Skelette gefunden, die nur zum Teil unversehrt waren. Ein Teil der Knochen war bei ihrer Deponierung noch nicht völlig entfleischt. Auffällig sind zahlreiche Schädelfunde. Im Inneren Graben zählte man 14 Schädel, im mittleren Graben sechs Schädel und im nur teilweise untersuchten äußeren Graben einen Schädel. Außerdem barg man Fragmente von mindestens 600 Tongefäßen, Kratzer, Sicheln, zahlreiche dreieckige Pfeilspitzen und sechs Kupferobjekte (Beilklinge, Anhänger, drei Pfrieme und kleiner Klumpen). Zumindest Teile

des Erdwerks scheinen einem Brand zum Opfer gefallen zu sein.
Der Zweck des Erdwerks von Altheim ist noch immer unklar.
Paul Reinecke sprach 1915 von einem stark befestigten Einzelhof und Karl Heinz Wagner 1940 von einer Steinzeitfestung.
Jürgen Driehaus spekulierte 1960 über eine Seuche, nach der die zurückgekehrten Überlebenden den inneren Graben mit Siedlungsschutt und Skelettresten verfüllt und eine neue Verteidigungsanlage errichtet hätten. Ulrich Fischer (1915–2005) meinte 1961, man dürfe eine rituelle Deutung der Anlage nicht außer acht lassen. Rudolf Albert Maier (1927–2012) sah 1962 den Befestigungscharakter als nicht bestätigt, sondern glaubte an eine Kultanlage. Rainer Christlein (1940–1983) und Otto Braasch vermuteten 1982 eine Herrenburg, die im Kampf unterging. J. Hodgson erwog 1988 einen Funktionswechsel des Erdwerkes. Irenäus Matuschik glaubte 1991 an eine Zentralortfunktion der Siedlungen mit Grabenwerk. Bernd Engelhardt (1945–2017) betrachtete 1997 Altheimer Erdwerke als Mittelpunkte von Siedlungsgemeinschaften.

Von einer Siedlung der Altheimer Kultur stammen auch die umfangreichen Funde auf dem Berg Auhögl bei Ainring (Kreis Berchtesgadener Land) in Oberbayern, die bei der Anlage eines Steinbruches zum Vorschein kamen. Die Keramikreste und Steingeräte von dort wurden von 1884 bis 1894 durch den Bäckermeister Peter Lichtenecker (1836–1912) aus Au gesammelt und an verschiedene Museen verkauft. Den größten Teil seiner Funde hat 1903 die Anthropologische Staatssammlung in München erworben. Leider gingen die meisten dieser Stücke im Zweiten Weltkrieg verloren.

Eine weitere Siedlung der Altheimer Kultur befand sich auf dem Raimlinger Berg im Nördlinger Ries bei Herkheim (Kreis Donau-Ries) in Schwaben. Die ersten Funde wurden bereits

*Apotheker und Heimatforscher Ernst Frickhinger (1876–1940)
aus Nördlingen.*
Foto: Porträt als Leutnant im Ersten Weltkrieg

1912 geborgen. 1920/1921 legte der Apotheker und Heimatforscher Ernst Frickhinger (1876–1940) aus Nördlingen vier Pfostengruben frei. Davon waren drei auf eine Länge von 6,60 Metern gleichmäßig verteilt. Die vierte Pfostengrube lag in sieben Meter Abstand rechtwinklig zum nordwestlichen Außenpfosten. Es handelte sich also um ein Gebäude mit einem Grundriss von etwa 6,60 mal 7 Metern. Außerdem wur-den reichlich Hüttenlehmreste mit Rutenabdrücken gefunden. 1934 gelang bei einer Bachbegradigung in der vermoorten Talaue des Loosbaches im Ortsteil Pestenacker von Weil (Kreis Landsberg am Lech) in Oberbayern der Nachweis einer durch einen Brand zerstörten Siedlung. An sie erinnerten Reste hölzerner Hüttenböden und beträchtliche Mengen an Hüttenlehm. Das zuerst gefundene Fundament eines kleinen Hauses verkannte man als „großes Floß". Zumeist war das Holz durch das Feuer verkohlt. Vielleicht ist auch diese Siedlung bei einem Kampf vernichtet worden. Von 1988 bis 1993 folgte eine Forschungsgrabung im Rahmen des DFG-Schwerpunktprogramms „Siedlungsarchäologie im Alpenvorland".
Zu den in Höhenlage errichteten Siedlungen der Altheimer Kultur gehört auch jene auf dem Fuchsberg bei Altenerding (Kreis Erding) in Oberbayern, die 1949 durch den Redakteur Eugen Preß (1909–1979) aus Erding entdeckt wurde. Preß wurde 1951 Kreisheimatpfleger und bekleidete dieses Amt bis 1976. Bei Bauarbeitenhat man 1949 und 1951 hat man im oberen Hangteil des Fuchsberges zwei Grundrisse von Hütten angeschnitten, die im Abstand von etwa 15 Metern parallel nebeneinander standen. Auch von diesen Behausungen blieben große Mengen verbrannten Hüttenlehms und Holzkohlenreste von größeren Balken und Brettern erhalten. Von Pfostenlöchern fand man dagegen keine Spur. 1952 stellte man außerdem eine Feuerstelle in Form einer kreisrunden Steinsetzung fest.

Bei Erdaushebungen für einen Neubau stieß der Grundstücksbesitzer in den 1980er Jahren auf die Siedlung Ergolding-Fischergasse (Kreis Landshut) in Niederbayern. In den Sommern 1982 bis 1984 nahm das Department of Archaeology der Edinburgher Universität unter der Leitung der Prähistorikerin Barbara S. Ottaway eine Ausgrabung vor. 1985 entdeckte man in Ergolding-Fischergasse den Grundriss eines 20 Meter langen und 3 Meter breiten Hauses der Altheimer Kultur. Als tragende Elemente dieses Gebäudes dienten Wanddoppelpfosten mit teilweise erhaltenem Flechtwerk und eine mittlere Firstpfostenreihe. Außerdem stieß man auf Reste eines Zaunes, der aus einer Reihe von Pfosten bestand, die durch Flechtwerk miteinander verbunden waren.

1986 gelang in der vermoorten Talaue des Loosbaches („Tal des verlorenen Baches") nahe Landsberg am Lech in Oberbayern bei der Verlegung einer NATO-Pipeline die Entdeckung einer Siedlung, die man als Unfriedshausen-West bezeichnet. Zwischen 1994 und 1999 wurde diese Fundstelle fast vollständig durch das Bayerische Landesamt für Denkmalpflege ausgegraben. Bei Sondagen von 1999 bis 2002 fand man einige Meter südöstlich des inzwischen bekannten Dorfes der Altheimer Kultur eine über einen Knüppeldamm erreichbare Schwestersiedlung. Dieses im Grundwasser dauerhaft konservierte Dorf erhielt den Namen Unfriedshausen-Ost. Unfriedshausen-West und Unfriedshausen-Ost waren mehr-phasige, von Flechtwerkzäunen umfriedete Siedlungen. In beiden Dörfern wies man drei übereinander liegende Bauphasen nach. Bis zu zwölf kleine Häuser flankierten in zwei bzw. drei Zeilen einen Hauptweg, den man in den späteren Bauphasen als ungefähr 2 Meter breiten Bohlenweg ausführte. Alle Gebäude hatte man als zweigeteilte Wohnstallhäuser in Pfostenbauweise mit Dachfirst konstruiert.

Von den auf Mineralböden erbauten Siedlungen zeugen lediglich Gruben, die man als Erdkeller deutet. Aussagekräftiger sind Baustrukturen aus Feuchtbodensiedlungen. In Pestenacker wies man vier Besiedlungsphasen zur Zeit der Altheimer Kultur nach. Das etwa 16 Häuser zählende älteste Dorf existierte nur vier Jahre, bevor es einem Brand zum Opfer fiel. An gleicher Stelle baute man ein Nachfolgedorf auf, das 15 Jahre stand. Nach einiger Zeit begann eine dritte Besiedlungsphase unbekannter Dauer. Für die schlecht erhaltene jüngste Siedlungsphase liegen keine Daten vor. Zu allen Zeiten umgab ein Flechtwerkzaun, der auf der Innenseite von einem rundum verlaufenden Weg gesäumt wurde, das Dorf.

Die in Pestenacker und Unfriedshausen nachgewiesenen Häuser sind durchschnittlich acht Meter lang und vier Meter breit. Für das Fundament verwendete man im vorderen Bereich Holzbalken und im hinteren Bereich Birkenäste, Strohhäcksel und Mist. Darauf trug man Lehmestrich für den Fußboden auf.

Auf der 170 Meter vom Westufer des Starnberger Sees in Oberbayern entfernten Roseninsel haben in der Jungsteinzeit bereits Menschen der Altheimer Kultur gesiedelt. Darauf deuten Einzel- und Lesefunde hin. Blütezeiten als Siedlungsstandort erlebte die Roseninsel in der Bronzezeit. In Phasen mit Niedrigwasserständen ließ der Starnberger Landrichter Sigmund von Schab 1864/1865 und 1873/1874 Grabungen in der trockengefallenen Flachwasserzone um die Roseninsel durchführen. Dies gilt als Beginn der Erforschung der Roseninsel und der Pfahlbauforschung in Bayern.

Die Roseninsel war nicht immer die einzige Insel im Starnberger See. Vor mehr als 5.500 Jahren lag etwa 180 bis 200 Meter vor dem heutigen Ostufer des Starnberger Sees bei Kempfenhausen

Roseninsel im Starnberger See in Oberbayern.
Foto: Reinraum (via Wikimedia Commons),
Lizenz: gemeinfrei (Public domain)

eine namenlose Insel, auf der ebenfalls Angehörige der Altheimer Kultur wohnten. Auf diese Inselsiedlung wurde man erst 1984 aus der Luft aufmerksam. Bei umfangreichen archäologischen Untersuchungen unter Wasser von 1997 bis 2000 stellte man fest, dass dieser Abschnitt des Seeufers bereits vor 3.500 v. Chr. besiedelt gewesen ist. Die Siedlung war etwa 45 Meter lang und 15 Meter breit. Der Fundort liegt etwa 4,50 bis 5 Meter unter dem heutigen Wasserspiegel. Wie lang sie existierte, ist unklar. Zum Fundgut dieser Siedlung gehören Keramikscherben, Pfeilspitzen aus Feuerstein, die 1999 entdeckte, aus dem Bast eines Laubbaumes angefertigte älteste Schnur Bayerns mit sechs Knoten und ein Kupferflachbeil.

Zum Leben auf Inselsiedlungen benötigte man aus Baumstämmen ausgehöhlte Einbäume zum Transport von Waren, Tieren, Menschen und zum Fischen. Die bisher im Starnberger See geborgenen Einbäume stammen nicht aus der Jungsteinzeit, sondern aus der Bronzezeit und Eisenzeit.

Keramikreste der Altheimer Kultur befanden sich auch in der Galeriehöhle II im Donaudurchbruch bei Kelheim in Niederbayern. Dies zeigt, dass die Menschen jener Kultur gelegentlich Höhlen als Unterschlupf aufsuchten.

Die damaligen Ackerbauern säten und ernteten Einkorn, Emmer, Nacktweizen und Spelzgerste. Reste dieser Getreidearten kamen in der Siedlung Pestenacker zum Vorschein, wo auch Erbsen und Saatlein nachgewiesen wurden. In Ergolding-Fischergasse hat man am häufigsten Einkorn und Emmer angebaut. Abdrücke von Einkorn, Emmer und Spelzgerste stellte man an Tonscherben aus Altheim fest. In einem Fall hatte auch ein Apfel einen Abdruck hinterlassen. Das Nahrungsangebot wurde durch Sammelfrüchte ergänzt. Funde aus Pestenacker zeigen, dass die einstigen Bewohner wildwachsende Äpfel, Erdbeeren, Brombeeren und Holunderbeeren

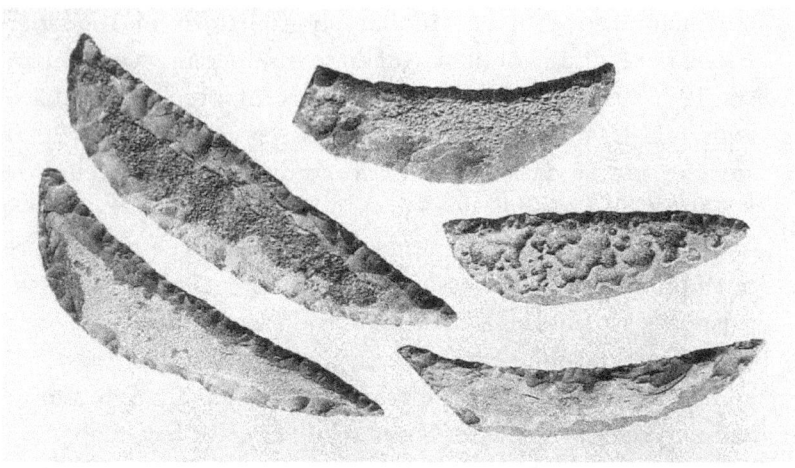

Sichelklingen der Altheimer Kultur aus Plattenhornstein.
Foto: Bayerisches Landesamt für Denkmalpflege,
Abteilung Vor- und Frühgeschichte, München.

sammelten. Für die Getreideernte benutzte man Sichelklingen aus Plattenhornstein (Plattensilex) des Abbaugebietes bei Baiersdorf, einem Ortsteil von Riedenburg. Solche Sicheln hat man in Altheim und Pestenacker geborgen. Sie ahmten bereits Vorbilder aus Kupfer nach. An die Weiterverarbeitung der Getreidekörner erinnern Funde von Mahlsteinen.

Tierknochenreste in Altheimer Siedlungen belegen die Haltung von Rindern, Schafen, Ziegen, Schweinen und Hunden. Die in Altenerding (Kreis Erding) und in Pestenacker (Kreis Landsberg am Lech) gefundenen Pferdeknochen stammen von verhältnismäßig kleinen Tieren, die ebenso wie Rothirsche, Wildschweine, Bären, Biber und Vögel bejagt wurden. Früher hieß es, diese Pferdeknochen dürften von gezähmten, aber sehr frei gehaltenen Pferden stammen, die man einst als lebenden Fleischvorrat betrachtet habe. Jene Pferde hätten eine Widerristhöhe von etwa 1,35 Meter gehabt.

Die Pferdereste von Altenerding und Pestenacker wurden von dem Münchner Archäozoologen Joachim Boessneck (1925–1991) identifiziert und 1956 beschrieben. Laut Boessneck ist nicht sicher, ob die zahlreichen Pferdeknochen aus Pestenacker von gezähmten Tieren stammen. Er schloss diese Möglichkeit aber nicht aus. Dagegen hielt 1984 der Bonn Archäozoologe Günter Nobis (1921–2002) die Pferde von Pestenacker für gezähmt. Der Stuttgarter Archäozoologe Mostefa Kokabi (1945–2015) deutete die Pferdereste aus Ödenahlen am Federsee, die der Pfyner Kultur oder Altheimer Kultur zugerechnet werden, als Haustiere.

Wenn man wegen der Haltung von Pferden auf deutschem Gebiet in der Jungsteinzeit recherchiert, stößt man bald auf viel Widersprüchliches. Anfangs freut man sich über zahlreiche Hinweise auf Pferdeknochen und -zähne sowie mutmaßliche Knebel aus etlichen Kulturen. Doch bald erfährt man immer mehr Zweifel an deren Deutung. Am Ende bleiben wenige womögliche Hinweise für Pferdehaltung aus der Trichter-becher-Kultur (Trensen-Seitenstangen von Ostorf, Kreis Schwerin; Geweihspitze aus einem Grab von Tangermünde, Kreis Stendal), der Bernburger Kultur (Knebel aus Geweih von Barby, Kreis Schönbeck) und der Pfyner Kultur (Pferdeknochen und Knebel aus Hirschgeweih vom Schorrenried bei Reute) übrig

Auch in der Altheimer Kultur spielte der Tausch mit begehrten Produkten eine Rolle. Dazu zählte vor allem der Platten-hornstein (Plattensilex) aus der Gegend zwischen Baiersdorf und Keilsdorf (Kreis Kelheim) in Niederbayern. Tauschge-schäfte damit ließen sich bis in rund 350 Kilometer Entfernung nachweisen. Geräte aus Plattenhornstein fand man in etlichen Siedlungen.

Bei Grabungen des Bayerischen Landesamtes für Denk-malpflege in der Feuchtbodensiedlung Pestenacker zwischen 2000 und 2004 barg man einen Spitzhut aus Leinen, wasser-abweisenden Eichenbaststreifen und Leder. Dabei handelt es sich um das bisher älteste textile Kleidungsstück in Bayern. Ein seltener Fund aus der Siedlung von Ergolding-Fischergasse beweist, dass zur Kleidung manchmal ein verzierter Gürtel-haken aus dem Geweih eines Hirsches getragen wurde. Man hatte ihn mit aus gebohrten Vertiefungen bestehenden Linien verschönert, die wie eine abstrakte bildliche Darstellung wirken. Um Bestandteile der Kleidung handelte es sich vielleicht auch bei den Knochen- und Geweihschnitzereien aus Ergolding-Fischergasse, die im Umriss Feuersteinpfeilspitzen ähneln. Ihre knopflochartigen Durchbohrungen lassen an Kleidungsbesatz denken.

Durchbohrte Tierzähne, wie man sie vom Auhögl bei Ainring und aus Ergolding-Fischergasse kennt, wurden als Schmuckanhänger an Ketten getragen. Große Raritäten sind ein aus einem menschlichen Schädeldach gewonnenes Amulett sowie eine Kupferblechplatte aus Altheim, die beide als Schmuck dienten. Manche Prähistoriker betrachten Doppelpfrieme aus Kupfer von Fundplätzen der Altheimer Kultur als Tätowierstifte. Mehr als eine Spekulation ist dies freilich nicht.

Als typische Tongefäße der Altheimer Kultur gelten große vierhenkelige Amphoren, Schüsseln, Näpfe mit einem Schnurösenpaar, Becher und Näpfe mit Knubben unter dem Rand, Henkelkrüge und -tassen sowie Flaschen mit vertikal oder horizontal durchbohrten Schnurösen. All diese Formen besaßen einen Standboden und blieben größtenteils unverziert. Die Altheimer Leute stellten Werkzeuge aus Plattenhornstein, Felsgestein, Knochen, Geweih und Kupfer her. Aus Plattenhornstein schlugen sie beispielsweise doppelseitig retuschierte Sicheln (Erntemesser) und dreieckige Pfeilspitzen zurecht. In Ergolding-Fischergasse wurden ein 19 Zentimeter und ein 18 Zentimeter langes Messer aus Baiersdorfer Plattenhornstein gefunden, das sich zum Schneiden von Leder eignete. An beiden Stücken haftete stellenweise Birkenpech, der als Klebstoff zur Fixierung in einem organischen Griff diente. Vor der bewussten Niederlegung der beiden Messer wurde jeweils der Griff entfernt. Felsgestein benutzte man als Rohmaterial für spitznackige Steinbeile und Knaufhammeräxte, die man zuschliff.

Funde aus Ergolding-Fischergasse zeigen, dass aus Knochen Pfrieme, Ahlen, Nadeln, Schaber und Spatel geschnitzt wurden. Am selben Fundort barg man auch einen Handfäustel aus einem Oberschenkelgelenk eines Tieres, dessen hölzerner Stiel erhalten blieb. Schlagmarken auf dem Handfäustel lassen erkennen, dass mit ihm hartes Material – möglicherweise Plattenhornstein –

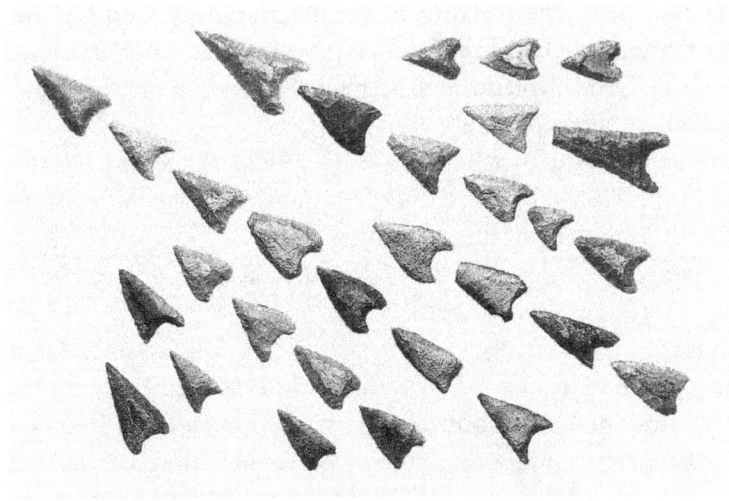

Pfeilspitzen aus dem Erdwerk von Altheim (Kreis Landshut).
Foto: Bayerisches Landesamt für Denkmalpflege,
Abteilung Vor- und Frühgeschichte, München.

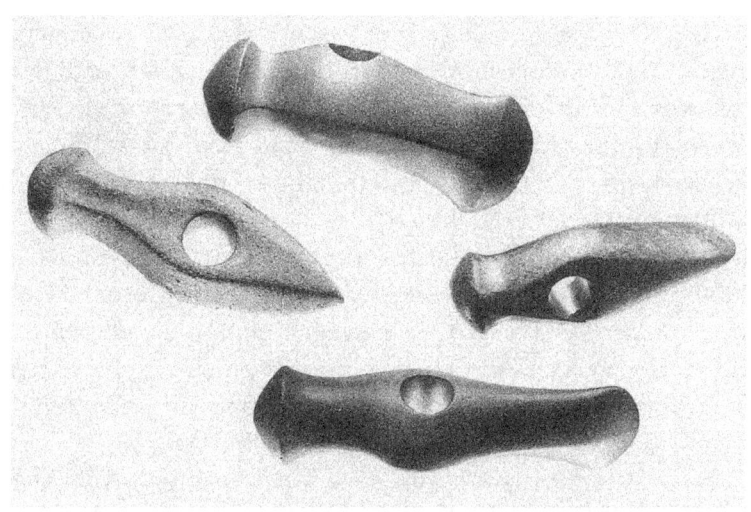

Knaufhämmer der Altheimer Kultur von verschiedenen Fundorten.
Foto: Bayerisches Landesamt für Denkmalpflege,
Abteilung Vor- und Frühgeschichte, München.

bearbeitet wurde. Auffällig ist der Reichtum an Geweihgeräten, unter denen durchbohrte Hacken und Äxte häufig sind. Als Rohstoff hierfür dienten zumeist Abwurfstangen vom Rothirsch. In Ergolding-Fischergasse fand man außer diesen Werkzeugen auch Hirschgeweihstangen mit Schnitt- und Bohrspuren, welche die örtliche Produktion belegen. In der vorhergehenden Münchshöfener Kultur (etwa 4.300 bis 3.900 v. Chr.) gab es nur vereinzelte Importe kupferner Artefakte aus der Lengyel-Kultur. Dagegen betrieb die Altheimer Kultur einen regen Austausch mit nordalpinen Kupferhütten der Mondsee-Kultur (etwa 3.700 bis 3.000 v. Chr.). An Fundplätzen der Mondsee-Kultur barg man importierten Baiersdorfer Plattenhornstein aus dem Verbreitungs-gebiet der Altheimer Kultur. In Altheim wurde ein seltenes Beil aus alpinem Kupfer entdeckt. Aus dem damals sehr seltenen und damit wertvollen Kupfer fertigte man Pfrieme und Klingen von Flachbeilen an. Vielleicht wurden die Steinbeile, Knaufhammeräxte und kupfernen Flachbeile auch als Waffen benutzt. Zu den formschönsten Waffenfunden der Altheimer Kultur zählt ein Dolch aus Ergolding-Fischergasse, der aus honiggelbem Feuerstein zurechtgeschlagen wurde. Er besitzt die Form eines Weidenblattes und wurde auf der ganzen Fläche retuschiert. Prähistoriker betrachten dieses Stück als Nachahmung eines Kupferdolches. Solche Kupferdolche gab es damals bereits in der gleichzeitigen Pfyner Kultur (etwa 3.900 bis 3.500 v. Chr.) und im mittleren Donauraum. Die Verwendung von Pfeil und Bogen wird durch Pfeilspitzen aus Platten-hornstein in Dreiecksform dokumentiert. Allein in Altheim wurden 174 Pfeilspitzen geborgen. Auf dem Raimlinger Berg bei Herkheim fand man 21 Pfeilspitzen.

Die Seltenheit von Gräbern der Altheimer Kultur wird in der „Wikipedia" damit erklärt, dass man den Großteil der

Bevölkerung auf eine Art und Weise bestattet hat, die heute nicht mehr nachweisbar ist. Eine beigabenlose Bestattung von Ergolding demonstriert, wie die Altheimer Leute ihre Toten zur letzten Ruhe betteten. Der Leichnam wurde mit dem Kopf nach Osten und den Beinen nach Westen auf den Boden gelegt. Man bedeckte ihn nur mit wenig Erde. Vielleicht ist diese Art der Bestattung in geringer Tiefe der Grund dafür, dass man bisher nur wenige Gräber der Altheimer Kultur entdeckt hat, weil diese oft zerstört wurden. Aus Stephansposching (Kreis Deggendorf) in Niederbayern kennt man zwei Hockerbestattungen und eine Brandbestattung. Bei einer Hockerbestattung sind die Beine des Toten zum Körper hin angezogen. Mit dem Kult wird lediglich ein leicht gewölbtes Pflaster mit dicht gepackten Gefäßscherben in Ergolding-Fischergasse in Verbindung gebracht. Vielleicht ist dort bewusst Keramik zerschlagen worden, wie es in Mitteldeutschland bei Siedlungsbestattungen beobachtet wurde.

Prähistoriker und Anthropologe Ferdinand Birkner (1866–1944).
Foto: Museumsverein der Prähistorischen Staatssammlung, München

Die Pollinger Gruppe

In der Zeit von etwa 3.900 bis 3.500 v. Chr. war in Bayern auf einem schmalen Landstreifen zwischen dem Nördlinger Ries und dem Alpenrand die Pollinger Gruppe verbreitet. Sie kam in Gebieten vor, in denen die gleichzeitig existierende Altheimer Kultur nicht heimisch gewesen ist. Der Begriff Pollinger Gruppe geht auf den Prähistoriker und Anthropologen Ferdinand Birkner (1866–1944) zurück, der 1936 den Ausdruck Pollinger Typus prägte. Der Name der Pollinger Gruppe erinnert an das Dorf Polling (Kreis Weilheim-Schongau) in Oberbayern am ehemaligen Jakob-See.

Von den Menschen der Pollinger Gruppe sind bisher keine sicher datierten Skelettreste gefunden worden. Mit dieser Gruppe wird – laut mündlicher Mitteilung des Münchner Anthropologen Peter Schröter – allerdings ein im Sommer 1955 in Polling entdecktes Skelett in Verbindung gebracht. Es stammt von einem erwachsenen Mann, dessen lange Extremitätenknochen nicht vollständig erhalten und daher auch nicht messbar sind. Deshalb kann seine Körpergröße nicht ermittelt werden.

Auf prähistorische Funde von der namengebenden Siedlung Polling machte 1921 als erster der Lehrer Korbinian Rutz (1877–1958) aus Polling das bayerische Kultusministerium aufmerksam. 1925 meldete der Pollinger Pfarrer Georg Rückert (1843–1941) der Prähistorischen Staatssammlung in München die Entdeckung einer vermeintlichen Urne, die im Steinbruch Buchner in drei Meter Tiefe zum Vorschein gekommen war. Außerdem wies er auf frühere Funde hin. Daraufhin erwarb die Prähistorische Staatssammlung derartige Hinterlassen-

Verziertes Tongefäß der Pollinger Gruppe
vom namengebenden Fundort Polling (Kreis Weilheim-Schongau)
in Oberbayern.
Original in der Prähistorischen Staatssammlung München.
Foto: Prähistorische Staatssammlung,
Museum für Vor und Frühgeschichte, München

schaften aus Pollinger Steinbrüchen. Ab 1926 gelangten die Funde zum größten Teil in das damals auf Initiative von Postinspektor Hans Vogl (1878–1944) aus Polling gegründete Heimatmuseum von Polling. 1937 konnte die Prähistorische Staatssammlung jedoch die Funde eines Pollinger Steinbrucharbeiters erwerben. Durch diesen Kauf wurde das Interesse der Münchner Prähistoriker an der Fundstelle erneut geweckt. Doch der Plan, eine systematische Grabung durchzuführen, konnte nicht gleich verwirklicht werden. Als 1942 die letzten Schwierigkeiten beseitigt schienen, verhinderte der Zweite Weltkrieg das Vorhaben. Nach Kriegsende ließ der damals in München tätige Prähistoriker Werner Krämer (1917–2007) durch den Grabungstechniker Wilfried Titze (1910–1992) in den Jahren 1950, 1952 und 1954 Grabungen vornehmen. Bei den Grabungen von Titze wurde eine Fläche von etwa 55 Quadratmetern am Südrand des Steinbruches Lindner in Polling untersucht. Es zeigte sich, dass die Funde nicht – wie man früher meinte – von einer anderswo vermuteten Siedlung durch das Wasser des Jakob-Sees angeschwemmt worden sind und auch nicht von einer Opferstätte stammten. Die Siedlung Polling am Ufer des einst wohl über einen Kilometer langen JakobSees dürfte nach den Scherbenfunden eine Fläche von etwa 300 Meter Länge und 80 Meter Breite bedeckt haben. Aus den insgesamt 36 festgestellten Pfostenlöchern im Bereich der Grabungsfläche konnte man keinen kompletten Grundriss einer Behausung rekonstruieren. Die Verteilung dieser bis zu 40 Zentimeter tief in den Boden gegrabenen Löcher machte aber deutlich, dass die Behausungen rechtwinklig waren. Das dichte Nebeneinander einiger Pfostenlöcher ist vielleicht das Ergebnis von Wandreparaturen oder mehrmaliger Errichtung von Behausungen an der gleichen Stelle. Sie belegen, dass die Hüttenwände mit Lehm verputzt gewesen sind. 1966 erfolgte eine Grabung des Bayerischen Landesamtes für Denkmalpflege. Dabei zeigte sich, dass die eigentliche Siedlungsfläche in Polling auf einen Uferstreifen von etwa 40 Metern beschränkt blieb. Dort hatten die Siedler den unebenen felsigen Untergrund, in dem es große natürliche Mulden und Wannen gab, stellenweise durch Schutt ausgeglichen.

Das Ende der Siedlung Polling ist ungeklärt. Denkbar wäre, dass sie aus unbekannten Gründen von ihren Bewohnern verlassen wurde, einer Brandkatastrophe zum Opfer fiel, von Angreifern zerstört oder durch ein Hochwasser vernichtet wurde. Auf einen Untergang durch Feuer könnten die stellenweise reichlich vertretenen Holzkohlenreste hindeuten.

Die in Polling entdeckten Tierknochen stammen größtenteils von Wildtieren. Sie wurden 1954 durch den Münchner Archäozoologen Joachim Boessneck und 1968 durch dessen Schüler Wolfgang Blome beschrieben. Nach den Jagdbeuteresten zu schließen, haben die Pollinger Leute vor allem Rothirsche und etwas seltener Wildschweine erlegt. Von den größeren Wildarten wurden nur die viel Fleisch enthaltenden Partien wie Rücken und Schlegel in die Siedlung getragen. Gelegentlich jagte man auch Biber, Elche, Rehe, Braunbären, Wölfe und Dachse. Eine in etwa zwei Kilometer Entfernung von der Siedlung Polling entdeckte Pfeilspitze der in Polling vorhandenen Form könnte bei der Jagd verschossen worden und verloren gegangen sein.

Vom Getreideanbau zeugen lediglich die zahlreichen mehr oder minder vollständigen Mahlsteine aus Polling. Vereinzelt wurden die dazugehörigen Läufersteine gefunden, mit denen man die auf dem Mahlstein liegenden Getreidekörner zerquetschte. Die Pollinger Ackerbauern betätigten sich auch als Viehzüchter. Sie hielten vor allem Rinder, daneben Schafe oder Ziegen. All diese Tiere dienten als lebender Fleischvorrat, auf den man bei Bedarf zurückgreifen konnte. Die Haustiere wurden meist im jugendlichen Alter geschlachtet. Außerdem gab es in der Siedlung auch Hunde. Die Pferdeknochen waren wohl Jagdbeutereste und stammten nicht von Haustieren. In der Siedlung Polling haben vielleicht Jäger und Gerber gelebt. Darauf deuten der auffällig geringe Anteil von Haustieren und das deutliche Überwiegen von Wildtieren im Fundgut, die wassernahe Lage am Jakob-See und die zahlreichen zum Klopfen, Schleifen, Schaben und Glätten geeigneten Werkzeuge aus Felsgestein hin. Die Basler Prähistorikerin Elisabeth Schmid (1912–1994) hatte schon 1967 bei einer Besichtigung der Pollinger Felsgeräte erstmals deren mögliche gerbereitechnische Verwendung erwogen.

Durch Keramikreste, die bereits 1907 vom Historischen Verein Dillingen auf der „Kleinen Schanze" des Sebastianberges bei Aislingen unweit von Dillingen an der Donau in Schwaben ausgegraben wurden, ist dort die Anwesenheit von Angehörigen der Pollinger Gruppe belegt. Diese Keramikreste wurden 1983 von dem Münchner Prähistoriker Rudolf Albert Maier bei Arbeiten zur Neueinrichtung des Dillinger Museums wiederentdeckt. Die Scherben von Tongefäßen kamen in Gruben zusammen mit Keramikresten der Michelsberger Kultur (etwa 4.300 bis 3.500 v. Chr.) zum Vorschein.

Die Tonscherben der Michelsberger Kultur bei Aislingen sowie jene von Polling, die sich zu einem typischen Michelsberger Tulpenbecher zusammenfügen ließen, deuten auf Tauschgeschäfte hin.

Unter den Formen der Pollinger Keramik gelten die Teppichgefäße als besonders typisch. Ihr Name basiert darauf, dass sie teppichartig verziert sind. Außerdem stellte man glattwandige Henkelkrüge, Becher und Ösengefäße, kleine Flaschen, Buckelgefäße mit Buckelpaaren auf der Schulter, Schalen und

Löffel her. Die Tongefäße der Pollinger Gruppe sind manchmal mit breiten Bändern sowie Dreiecken und Rauten aus feinen bis kräftig geritzten Gitterlinien verziert. Diese Motive wurden häufig mit weißer Farbe gefüllt. Zwischen den Feldern sind durch Punktreihen ausgeführte Muster erkennbar.

Als Schmuck trugen die Pollinger Leute dreieckige, durchlochte Amulette aus leicht zu bearbeitendem Tuffstein, wie er im Untergrund der Siedlung Polling vorkommt. Andere Anhänger wurden aus geschnitzten Eberhauerlamellen geschaffen. Kleine zylindrische, durchbohrte Perlen aus Kalkstein hat man wahrscheinlich auf Halsketten aufgereiht.

Die Menschen der Pollinger Gruppe schufen Werkzeuge und Waffen aus Plattenhornstein, Felsgestein, Knochen und Geweih. Messer und Pfeilspitzen schlug man aus Jura-Hornstein zurecht, den man aus bis zu 120 Kilometer Entfernung herbei holte und erst in der Siedlung verarbeitete. In Polling wurden insgesamt 28 Pfeilspitzen gefunden.

Der genaue Verwendungszweck der in großer Anzahl in Polling geborgenen Schleif- und Glättsteine aus Felsgestein ist meist nicht klar. Nur ein Teil davon eignete sich hinsichtlich der Größe, Beschaffenheit und Form für die erwähnten Getreidemühlen. Einige der stabförmigen Schleifsteine weisen am Ende Pechspuren einer Halterung auf. Die aus Felsgestein (Amphibolit) zurechtgeschliffenen Beile sind vermutlich nicht als Fertigwaren importiert, sondern in der Siedlung aus herbeigeschafftem Rohstoff angefertigt worden.

Aus Tierknochen hat man Meißel und Pfrieme geschnitzt. Eine große Seltenheit ist eine Hirschgeweihaxt, deren Schneidenpartie fehlt. Das während der Jungsteinzeit meist als Rohstoff begehrte Hirschgeweih wurde in Polling trotz erwie-sener Hirschjagd kaum genutzt. Die von den Ausgräbern in Polling vermissten Hirschschädel und -geweihe sind vielleicht von den ehemaligen Bewohnern in den Jakob-See geworfen worden. Wenn die bereits erwähnte Bestattung von Polling tatsächlich in die Pollinger Gruppe gehört, dann haben deren Angehörige ihre Toten unverbrannt, auf dem Rücken liegend und mit zum Körper hin angezogenen Beinen zur letzten Ruhe gebettet. Der Kopf des Pollinger Toten lag im Osten, seine Beine wiesen nach Westen.

Über die religiöse Vorstellungswelt der Pollinger Leute weiß man nichts. Die 1926 von dem damals in München wirkenden Botaniker Helmut Gams (1893–1976) vertretene Ansicht, die prähistorischen Keramikfunde von Polling seien Zeugnisse eines Quell- oder Wasserkultes, konnte sich nicht durchsetzen. Er hatte angenommen, Gefäße und Fleischstücke seien als Opfergaben in das nasse Moos am Ausfluss des Jakob-Sees deponiert worden.

Gams wurde in Brünn in Mähren geboren und promovierte 1918 mit der Arbeit „Prinzipienfragen der Vegetationsforschung", die zu einem klassischen Standardwerk der Biozönologie wurde. Ab 1920 wirkte er in München. 1929 habilitierte er sich an der Universität Innsbruck. In Wasserburg am Bodensee gründete er eine private biologische Station. 1964 wurde er emeritiert.

Autor Ernst Probst.
Foto: Klaus Benz, Fotograf, Mainz-Laubenheim

Der Autor

Ernst Probst, geboren am 20. Januar 1946 in Neunburg vorm Wald im bayerischen Regierungsbezirk Oberpfalz, ist Journalist und Wissenschaftsautor. Er arbeitete von 1968 bis 1971 bei den „Nürnberger Nachrichten", von 1971 bis 1973 in der Zentralredaktion des „Ring Nordbayerischer Tageszeitungen" in Bayreuth und von 1973 bis 2001 bei der „Allgemeinen Zeitung", Mainz. In seiner Freizeit schrieb er Artikel für die „Frankfurter Allgemeine Zeitung", „Süddeutsche Zeitung", „Die Welt", „Frankfurter Rundschau", „Neue Zürcher Zeitung", „Tages-Anzeiger", Zürich, „Salzburger Nachrichten", „Die Zeit", „Rheinischer Merkur", „Deutsches Allgemeines Sonntagsblatt", „bild der wissenschaft", „kosmos", „Deutsche Presse-Agentur" (dpa), „Associated Press" (AP) und den „Deutschen Forschungsdienst" (df). Aus seiner Feder stammen die Bücher „Deutschland in der Urzeit" (1986), „Deutschland in der Steinzeit" (1991), „Rekorde der Urzeit" (1992), „Dinosaurier in Deutschland" (1993 zusammen mit Raymund Windolf) und „Deutschland in der Bronzezeit" (1996). Von 2001 bis 2006 betätigte sich Ernst Probst als Buchverleger sowie zeitweise als internationaler Fossilienhändler und Antiquitäten-händler. Insgesamt veröffentlichte er mehr als 300 Bücher, Taschenbücher, Broschüren und über 300 E-Books.

Bücher von Ernst Probst

(Auswahl)

Als Mainz im Meer lag
Als Mainz noch nicht am Rhein lag
Das Mammut- Mit Zeichnungen von Shuhei Tamura
Der Europäische Jaguar
Der Mosbacher Löwe. Die riesige Raubkatze aus
Wiesbaden
Der Rhein-Elefant. Das Schreckenstier von Eppelsheim
Der Ur-Rhein. Rheinhessen vor zehn Millionen Jahren
Deutschland im Eiszeitalter
Deutschland in der Frühbronzezeit
Deutschland in der Mittelbronzezeit
Deutschland in der Spätbronzezeit
Die Aunjetitzer Kultur in Deutschland
Die Straubinger Kultur in Deutschland
Die Singener Gruppe
Die Arbon-Kultur in Deutschland
Die Ries-Gruppe und die Neckar-Gruppe
Die Adlerberg-Kultur
Der Sögel-Wohlde-Kreis
Die nordische Bronzezeit in Deutschland
Die Hügelgräber-Kultur in Deutschland
Die ältere Bronzezeit in Nordrhein-Westfalen
Die Bronzezeit in der Lüneburger Heide
Die Stader Gruppe
Die Oldenburg-emsländische Gruppe
Die Urnenfelder-Kultur in Deutschland

Österreich in der Mittelbronzezeit
Österreich in der Spätbronzezeit
Raub-Dinosaurier von A bis Z. Mit Zeichnungen von
Dmitry Bogdanav und Nobu Tamura
Rekorde der Urmenschen. Erfindungen, Kunst und Religion
Rekorde der Urzeit. Landschaften, Pflanzen und Tiere
Säbelzahnkatzen. Von Machairodus bis zu Smilodon
Säbelzahntiger am Ur-Rhein. Machairodus und
Paramachairodus
Was ist ein Menhir? Interview mit dem Mainzer
Archäologen Dr. Detert Zylmann
Wer ist der kleinste Dinosaurier? Interviews mit dem
Wissenschaftsautor Ernst Probst
Wer war der Stammvater der Insekten? Interview mit dem
Stuttgarter Biologen und Paläontologen Dr. Günther Bechly
6000 Jahre Kastel. Von der Steinzeit bis zum 21.
Jahrhundert
5000 Jahre Kostheim. Von der Steinzeit bis zum 21.
Jahrhundert
Kastel in der Vorzeit. Von der Jungsteinzeit bis Christi
Geburt
Kostheim in der Vorzeit. Von der Jungsteinzeit bis Christi
Geburt
Wiesbaden in der SteinzeitAnno 1.000.000. Deutschland in
der älteren Altsteinzeit
Das Protoacheuléen. Eine Kulturstufe der Altsteinzeit vor
etwa 1,2 Millionen bis 600.000 Jahren
Das Altacheuléen. Eine Kulturstufe der Altsteinzeit vor etwa
600.000 bis 350.000 Jahren
Das Jungacheuléen. Eine Kulturstufe der Altsteinzeit vor etwa
350.000 bis 150.000 Jahren
Das Spätacheuléen. Eine Kulturstufe der Altsteinzeit vor etwa

etwa 3.700 bis 3.200 v. Chr.
Die Chamer Gruppe. Eine Kulturstufe der Jungsteinzeit
vor etwa 3.500 bis 2.800 v. Chr.
Die Wartberg-Kultur. Eine Kultur der Jungsteinzeit vor
etwa 3.500 bis 2.800 v. Chr.
Die Walternienburg-Bernburger Kultur. Eine Kultur der
Jungsteinzeit vor etwa 3.200 bis 2.800 v. Chr.
Die Kugelamphoren-Kultur. Eine Kultur der Jungsteinzeit
vor etwa 3.100 bis 2.700 v. Chr.
Die Schnurkeramischen Kulturen. Kulturen der
Jungsteinzeit von etwa 2.800 bis 2.400 v. Chr.
Die Einzelgrab-Kultur. Eine Kultur der Jungsteinzeit vor
etwa 2.800 bis 2.300 v. Chr.
Die Schönfelder Kultur. Eine Kultur der Jungsteinzeit vor
etwa 2.800 bis 2.200 v. Chr.
Die Glockenbecher-Kultur. Eine Kultur der Jungsteinzeit
vor etwa 2.500 bis 2.200 v. Chr.
Die ersten Bauern in Österreich. Die
Linienbandkeramische Kultur vor etwa 5.500 bis 4.900 v.
Chr.
Die Lengyel-Kultur in Österreich. Eine Kultur der
Jungsteinzeit vor etwa 4.900 bis 4.400 v. Chr.
Die Mondsee-Gruppe. Eine Kulturstufe der Jungsteinzeit
vor etwa 3.700 bis 2.900 v. Chr.
Die Badener Kultur in Österreich. Eine Kultur der
Jungsteinzeit vor etwa 3.600 bis 2.900 v. Chr.
Die ersten Pfahlbauten in der Schweiz. Die Anfänge der
Pfahlbauforschung und die Egolzwiler Kultur
Die Cortaillod-Kultur. Eine Kultur der Jungsteinzeit vor
etwa 4.000 bis 3.500 v. Chr.
Die Pfyner Kultur in der Schweiz. Eine Kultur der

Jungsteinzeit vor etwa 4.000 bis 3.500 v. Chr.
Die Horgener Kultur in der Schweiz. Eine Kultur der
Jungsteinzeit vor etwa 3.500 bis 2.800 v. Chr.
Die Schnurkeramiker in der Schweiz. Eine Kultur der
Jungsteinzeit vor etwa 2.800 bis 2.400 v. Chr.